ワクワク探検シリーズ

① 知られざる宇宙

ゆまに書房

宇宙の始まり

そろそろ、宇宙の中でも最もエキサイティングな冒険に出かけようか？　宇宙船へようこそ！この旅では、みんなで宇宙を飛んで銀河系の先まで出かけ、これまでに見たことのない地球を見たり、ブラックホールから脱出したり、恒星の誕生を見たりするだけでなく、さらにもっといろいろなことをしてみよう。まず、最初に向かうのは、「宇宙の始まり」だ。

宇宙の年れいは、およそ140億歳。もし、私たちが宇宙誕生の瞬間から毎年1粒の砂を数えていたら、今ごろは砂で大型トラック1台がいっぱいになっているだろう。とんでもない大昔だ。

とはいえ、宇宙は一体どのようにして始まったのだろうか？　それを知るためには、140億年も昔にさかのぼって、宇宙の起源を見なければならない。

最初に起こったのは、ビッグバンだ。これが、空間と時間が生まれた瞬間だった。ビッグバンはそれほど大昔に起こったにもかかわらず、いまだに空にそのなごりが見える——ただし、人間の目で見えるわけじゃない。人工衛星として打ち上げた、宇宙望遠鏡を使うと、宇宙初期の熱のなごりを見つけることができるんだ。

ビッグバン

ビッグバンが起こったとき、あらゆるものが、現在よりもはるかに高い温度だった。形がはっきりしたものは何もない。とてつもなく高い温度だったので、現在見るような物質は存在しなかったんだ。宇宙はただ、素粒子のスープのような状態だった。あまりの高温に、素粒子のゆれがとても激しくなり、素粒子同士が結びつけず、原子になれなかったんだ。

宇宙のぼう張

ビッグバンが起こってから、最初のほんの一瞬の間に何が起こったのかはよくわかっていない。でも、宇宙は、ものすごく速いスピードで大きくなっていったと考えられている。空間と時間が、まるで光よりも速い速度でぼう張する風船のように大きくなったんだ。こうして急げきに大きくなる空間に熱が広がったため、宇宙は冷えていっ

た。この「インフレーション」は、何十億分の1秒という、一瞬のうちに起こった。ただし、そこで宇宙はぼう張をやめたわけじゃない。ただ、ぼう張の速さが遅くなっただけだ。宇宙は大きくなればなるほど、さらに冷えていった。

0秒　0.01秒　3分

ビッグバン後のできごと

ビッグバンはとても急なことだったけれど、宇宙が現在のような姿になるには、それよりはるかに長い時間がかかったんだ。

● ビッグバンの約3分後に、最初の原子核ができた。

● ビッグバンの約38万年後に、最初の原子が現れた。

● ビッグバンの約6億年後に、太陽に似た最初の恒星が誕生した。

原子の形成

ビッグバンの1秒後には、宇宙は冷えて最初の素粒子がゆれを止め、結合して陽子と中性子とよばれる粒子になった。さらに陽子と中性子が結合し、原子核とよばれる、原子の中心部になったのは、ずっと後のことだ。原子は、現在の私たちの身の回りにある物質をつくり上げる構成要素なんだ。宇宙にある、あらゆるものは、この原子でできている——もちろん、私たち人間も！

電子／陽子／中性子／原子

ビッグバン　数分後　約38万年後　数億年後　数十億年後
インフレーション　最初の原子核の形成　最初の原子の形成　最初の銀河や恒星の形成　宇宙のぼう張が加速し始める

現在の宇宙

夜空を見上げると、私たちの地球が属している銀河の星の光が見える。それは「銀河系」、または「天の川銀河」とよばれる、数え切れないほどたくさんの恒星や惑星の集まりだ。

銀河系だけが宇宙の銀河というわけじゃない——実は、1つの星のように見える遠い光の大部分が、それぞれ、ひとまとまりの銀河なんだ！

宇宙で目にすることができるものはすべて——巨大な恒星から、宇宙のちりやガスが集まった星雲まで（そして、私たち人間さえも！）——「物質」とよばれている。広大な宇宙を考えれば、宇宙にはとんでもない量の物質があるように思えるかもしれない。でも、実際はそうじゃない——物質は、宇宙の構成要素の5％足らずなんだ。

残りの95％を構成する、ほかの2つの要素、暗黒物質（ダークマター）と暗黒エネルギー（ダークエネルギー）は、はるかにたくさんあるはずなのに、それらを見つけて観測するのは、物質よりもはるかにむずかしいんだ。

暗黒物質

宇宙の25％以上を構成するのが、暗黒物質（ダークマター）だ。暗黒物質は人には見えず（だから"暗黒"とよばれる）、ふつうの物質よりも相互作用がはるかに弱いため、今ある測定装置ではうまく検出できない。でも、わかっているのは、「暗黒物質は存在しなくてはならない」ってことだ！　私たちは銀河の動きなら観測できる。なぜ、銀河がそのような動き方をするのかを説明するには、よぶんなものがそこにあるはずと仮定するしかないんだ。

宇宙

私たちが見つけられる「物質」とくらべて、暗黒物質と暗黒エネルギーはどれくらい多いのだろう?

- 暗黒エネルギー: 68.3%
- 暗黒物質 26.8%
- 物質: 4.9%

暗黒エネルギー

科学者たちは、宇宙の残りの部分は、暗黒エネルギー(ダークエネルギー)で構成されていると考えている。暗黒エネルギーがどんなものかは、いまだによくわかっていない。ただ、暗黒エネルギーとは、むしろ宇宙の性質に近いもので、これが現在でもまだ宇宙がぼう張している理由だと考えられている。

重力

「重力」とは、私たちやその他のものを地面に引き寄せる力だということはよく知られている。でも、その力があるのは地球だけじゃない。

1687年にアイザック・ニュートンがこの引き寄せる力（引力）についての最初の理論を書くことになったきっかけは、木から落ちたリンゴを見たことだった、といわれている。ニュートンの理論によれば「物質でできたすべてのものは、たがいに引き寄せられる」という。リンゴと同じように、地球は私たちを引き寄せ、地面に引っ張り下ろして、私たちを宇宙にうかばないようにしているんだ。

ただし、ニュートンの理論にしたがえば、地球もリンゴに引き寄せられているということになる。とはいっても、この現象は実際には目に見えない。

宇宙に目を向ければ、惑星や恒星や月のように、リンゴよりもはるかに大きい物体があり、このように重力の大きい物体同士の場合は、それぞれの重力の影響が見られる。

無重力

私たちが宇宙にいるときは、無重力状態になる。これは、地球の重力の影響を感じなくなるからだ。

太陽

太陽は、地球よりはるかに大きく重いので、その重力によって地球が引き寄せられる。だから、地球は太陽の周りを公転するんだ。太陽は、その大きな重力で、太陽系の他のすべての惑星も太陽を回る軌道から離れないようにしている。

月

地球の重力は、月を引き寄せ、地球の周りを回り続けさせている。同時に、月の重力も地球上に影響をおよぼしている。月の重力は、地球の海の水を月に向かって引き寄せていて、これによって潮の満ち引きが起きているんだ。

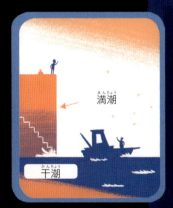

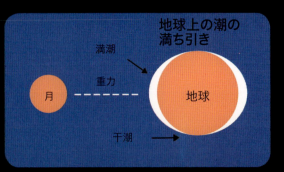

重力理論のパイオニア

ニュートンとともに忘れてならないのは、ドイツの天文学者、ヨハネス・ケプラーだ！ 太陽系にある惑星の動きを研究したケプラーのおかげで、私たちはニュートンより前に惑星の動きを理解していた。でも、ケプラーの発見した事実の原因が重力だと明らかにしたのは、ニュートンの理論だった。2人の研究がなければ、私たちは今でも宇宙飛行をすることができなかっただろう。

ヨハネス・ケプラー　アイザック・ニュートン

アインシュタインの理論

この理論を次の段階に進めたのは、アルベルト・アインシュタインだ！ 彼は、時間と空間（時空）の観点から重力を説明した。1枚の布を広げてもち、その真ん中に重りを置くとしよう。そうすると布はたわむ。次に、その布の上にビー玉をころがすと、ビー玉は布のたわみにそってころがっていくだろう。それはまるでビー玉が重りに引き寄せられているかのように見える。アインシュタインの理論では、この1枚の布が、時間と空間を表している。つまり、質量のある物質の周りの時空がゆがむことで、その周りの物質が引き寄せられるということなんだ。アインシュタインは、宇宙で動くすべてのものが重力の影響を受けると予測した。なんと、光までも、だ。これはまったく新しい考えだった。アインシュタインが「光は大きな質量のあるものの周りで曲がる」と予測して間もなく、天文学者たちが太陽の周りで光が曲がることを実際に観測した。これは、アインシュタインの理論が正しかったことを示していた。この考えは、現在知られている重力理論の中で、いまだに一番有力なんだ。

恒星の本当の位置　恒星の見かけの位置

光　太陽　地球

銀河

銀河とは、恒星や惑星が重力によってたがいに引き寄せあい、集団となっているものだ。

私たちのいる地球は、「銀河系」または「天の川銀河」とよばれる銀河の一部だ。銀河系には、恒星や惑星だけでなく、たくさんの宇宙のちりや星間ガス、そして正体のわからない暗黒物質（ダークマター）がふくまれている。

私たちの宇宙には2兆個もの銀河がある、と科学者たちは見積もっている。でも、それらを観測するには望遠鏡を使わなければならない。というのも、大部分の銀河は、人間の目だけでは見えないほど遠くにあるからだ。

さまざまな銀河

科学者たちは、小さな「わい小銀河」から、私たちが属している銀河系の何千倍も大きい銀河まで、さまざまな銀河を発見してきた。その中には、うずまき状の腕をもつ構造のものや、星が雲のように集まって見えるものもあるんだ。

うずまき銀河　　だ円銀河　　不規則銀河

アンドロメダ銀河

銀河系に最も近い、大きな銀河は、アンドロメダ銀河だ。それは、私たちの銀河系と形も大きさもよく似ている。ただし、一番近いといっても、そこから放たれた光が地球に届くまでに、約250万年かかるほど離れているんだ！　銀河系とアンドロメダ銀河も重力によってたがいに引き寄せられている。だから、はるか先の将来には、2つの銀河が合体して、大きな1つの銀河になるだろう！

銀河系（天の川銀河）　　アンドロメダ銀河

ハッブル宇宙望遠鏡

ハッブル宇宙望遠鏡を利用して、科学者たちは、地球からものすごく遠く離れた銀河を探すために、ある特定の空の一区画を観測した。そして、空全体の100万分の1にも満たない、この小さな領域で、何千もの銀河が発見された。それらは、現在わかっている中で最も遠くにある銀河で、そこから放たれた光が地球に届くまでには100億年ほどかかる。だから、私たちが今日見ているそれらの銀河は、はるか大昔のもの。最も遠い銀河ということは、私たちが知っている最も古い銀河ということでもある。そうした遠くて古い銀河は、ビッグバン後にできた最も初期の銀河だ。その光が地球に届くまでにものすごく時間がかかることを考えると、私たちは、まだ宇宙に現れたばかりの赤ちゃんのころの銀河を見ていることになる。

銀河系

銀河系は、天の川銀河ともよばれる、太陽と太陽系の惑星をふくむ銀河だ。

銀河系は、地球からは夜空に光る星の帯のように見える。私たちはそれを「天の川」とよんでいるんだ。銀河系には、太陽だけでなく、およそ1000億個の恒星があり、その大部分が太陽系のような惑星系（恒星の重力で惑星が公転する構造）をもっていると考えられている。

銀河系はうずまき銀河で、1枚の皿から4本の大きなうずまき状の腕が出ているように見える。銀河系はあまりにも大きいので、端から端まで光が届くのに10万年以上かかる。

地球から見た銀河系（天の川銀河）

銀河系は何歳？

銀河系はとても年寄りで、宇宙の年れいとほとんど同じくらいだ。天文学者たちは、現在のところ、銀河系にある最も古い恒星の年れいを136億歳と見積もっている。つまり、これらの星は、宇宙誕生とそう遠くない時期にできたということだ。

太陽系はどこにある？

私たちのいる太陽系は、銀河系の皿の外側にあり、銀河の中心から2万7000光年離れた位置にある。

銀河系の中心には何がある？

銀河系の中心には、いて座A*（いてざ・エー・スター）とよばれるエリアに、超大質量ブラックホールがある。この付近からの電波は、地球に届くのに約2万7000年かかるんだ。

銀河系の形

- ペルセウス腕
- じょうぎ・はくちょう腕
- いて座A*（いてざ・エー・スター）
- 太陽の位置
- いて・りゅうこつ腕

太陽系

衛星銀河

銀河系はとても大きいので、地球の周りを回る月や人工衛星と同じように、その周りをいくつかの小さな銀河が公転している。このような銀河は、銀河系の「衛星銀河（伴銀河）」とよばれている。衛星銀河のうち、最も大きいのは大マゼラン雲（大マゼラン銀河）だ。といっても、その直径は銀河系の4分の1ほどだ。

恒星

夜空を見上げると、恒星は小さな光の点のように見えるかもしれない。でも、間近で見れば、それは高い温度で燃えるガスでできた、ものすごく大きなボールのようなものだとわかるだろう。

恒星の中でよく知られているのは、太陽だ。太陽は、本当は一番大きな恒星じゃない。けれども、太陽は地球に一番近い恒星なので、夜見える、その他の恒星と比べて、はるかに大きく、はるかに明るく見えるんだ。

夜空に見える恒星は、ビッグバンや他の爆発した古い恒星の残がいのガスやちりの雲から生まれる。時とともに、この雲のようなかたまりがくっついて大きくなり、やがて重力の働きによってちぢんでいく。そして、回転しながら熱くて密度の高いガスのボールになり、恒星になっていく。

恒星の一生

恒星の始まりは、水素やヘリウムなどの星間ガスや宇宙のちりでできた巨大な雲だ。やがて、この雲の特に密度の高い部分に周りが重力で引き寄せられてちぢんでいく。

星間雲

平均的な質量の星は、一生の終わりにものすごく大きく成長する。大きくなるにつれて表面が冷えて、黄白色から赤い色に変わる。

平均的な質量の星

このような星は赤色巨星という。太陽は、将来、赤色巨星になると考えられている。でも、それは、あと50億年くらい先の話だ。

赤色巨星

大質量星

赤色超巨星

私たちの太陽の8倍以上大きい若い星は「大質量星」といい、50倍以上大きい星は「超大質量星」という。

大質量星は、核融合によって大きくなり、赤色超巨星となる。このような恒星は宇宙で最も大きいのに、密度はそれほど高くない。

ブラックホール

科学者たちは、大部分の銀河の真ん中には、目に見えない秘密がかくされていると考えている。

それは、巨大な恒星や惑星系全体にさえもその影響がおよぶような、とてつもなく大きな重力をもっているもの――この、ものすごく強く引き寄せる力をもつものが「ブラックホール」だと考えられているんだ。

でも、ブラックホールって一体何だろう？　これは、あらゆるものがのがれられないほど、重力がものすごく強い天体だ。あまりの強さに光さえもそこから脱出できない。

ブラックホールの中では、すいこまれた物質に関する「情報」が永遠に失われるのだろうか？ブラックホールは、重力について私たちがどれだけ理解しているか試す、この上ないテストだ。

事象の地平線

ブラックホールは、「事象の地平線」とよばれる、境界に囲まれている。事象の地平線は、流れ落ちる滝の端にたとえることができる。ここを越えると、重力があまりにも強くなるため、すべてのものはブラックホールの中にすいこまれるんだ。

スパゲッティ化現象

ブラックホールにすいこまれると、物体は形を変え、細く長くのばされる、と科学者たちは考えている。これは、「スパゲッティ化現象」「スパゲッティ効果」「ヌードル効果」などとよばれている。

ブラックホールの観測

ブラックホールが私たちの目に見えないなら、その存在はどうすればわかるのだろう？ 望遠鏡を使えば、ブラックホールの近くにある恒星を見ることができる。そして、それらの星が宇宙を移動するときの道すじから、ブラックホールの位置を計算できるんだ。恒星がたまたまブラックホールに近寄りすぎた場合、その星からブラックホールにすいこまれる物質を観測することもできる。

ブラックホールはどうやってできるのか？

物体が重くなるほど、重力は強くなる。大質量星ともなると、ものすごく強い重力をもっているんだ！ 重力は、人やものだけでなく、あらゆるものに影響する。たとえば、地球の表面自体も、地球の重力の影響を受け、地球の中心に向かって引きこまれているということだ。でも、地表は、水が排水溝から流れるように地球内部に向かって落ちるのではなく、それにさからうような内部からの抵抗力が働き、押しつぶされないようになっている。

重力は地球の表面を内側に引っ張っている

地球　抵抗力が押しもどす

ところが、かなり重い恒星の場合、その一生の終わりに近づくと、表面が内部に落ちこまないようにする抵抗力が弱まり、重力とバランスがとれなくなってくることがある。そうなると、その星はちぢみ始める。恒星が小さくなり続けると、その中心ではますますたくさんの物質が押しちぢめられて、中心核の重力はさらに大きくなっていく。こうなると、恒星が中心核に向かってちぢんでいくのを何も止められない。こうして、果てしなくちぢんだ天体がブラックホールだ。

大質量星　抵抗力がこの星の重力よりも弱くなる

恒星の崩壊　ブラックホールの形成

太陽

太陽は私たちのいる太陽系の中心にある恒星で、地球の光とエネルギーの源だ。

太陽は、直径が地球の約109倍、体積は約130万倍という大きさで、地球よりもものすごく熱い。なんと、その表面温度はおよそ5,500℃だ！ 周りは熱いガスが取りまき、太陽の表面から何百万kmも外に広がっている。

太陽を取りまく、このガス層はコロナとよばれ、地球からは特別な望遠鏡を使うと見ることができる。また、皆既日食のときは、望遠鏡がなくてもコロナを見ることができる。太陽とぴったり重なった月の周りを囲むように、コロナが金色の輪のように見えるんだ。

光

太陽のエネルギー

太陽の熱は、核融合によるものだ。太陽の中心核の中では、水素がたえず融合してヘリウムをつくり出している。この反応によってエネルギーが放たれているんだ。

中心核から離れると、このエネルギーは光に変わる。でも、太陽内部はとても密度が高いため、この光は外へは出られず、そのエネルギーはガスの対流で表面まで運ばれる。

太陽の表面近くは密度が低いため、ここまで運ばれたエネルギーが光に変わると、簡単に外へ出て行ける。

この太陽の表面のように見える部分を「光球」といい、ここで発生した光が地球に届く。

黒点

太陽の表面はどこでもまったく同じ温度ではなく、他の部分よりも温度の低い部分がある。地球から観測すると、そこは黒い点のように見えるんだ。

これらは「黒点」とよばれ、観測では小さく見えるけれども、実は直径が5万kmにもおよぶこともある。その周辺では太陽フレアとよばれる爆発が起こっている。

太陽風

光球から放たれているのは、光と熱だけでなく、電気をおびた粒子の流れもある。これは「太陽風」とよばれるもので、人工衛星をこわしたり、無線通信をとぎれさせたり、宇宙船に被害を与えたりすることがある。でも北極と南極の周辺で、オーロラという、驚くような光のショーを生み出しているのも太陽風なんだ。

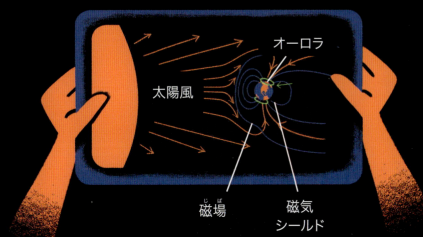

太陽系

地球をふくむ、8つの惑星は、太陽の周りを公転して太陽系を構成している。

太陽系の範囲はとてつもなく広い。中心にある太陽から太陽系の端までは、およそ15兆km。もし、この距離を自動車でドライブするなら、時速100kmで休むことなく約1,700万年も走り続けなければならない。光はものすごく速いけど、それでも1.6年かかるんだ！　その範囲の中に、惑星や、惑星よりも質量の小さい、準惑星だけでなく、たくさんの小天体がある。

太陽は太陽系の中心だ。太陽系にあるすべての天体は、円を描くように太陽の周りを回っている。天体が太陽の周りを回ることを公転といい、公転で天体が通る道すじは「軌道」とよばれている。

水星

太陽に一番近い惑星は水星で、その表面には、月と同じように大きなクレーターがあるんだ。水星は太陽系の中で一番小さい惑星で、大気で周りをおおえず、宇宙を移動する小さな岩石などの衝突を防ぐことができない。だから表面にクレーターがたくさんあるんだ。

金星

太陽に2番目に近い惑星は金星だ。地球と同じくらいの大きさとはいえ、金星を取りまく大気はとても濃いため、宇宙から金星の表面は見られない。

地球

宇宙から見た地球ってすばらしいと思わない？ 地球については、この本の後ろでくわしく見ていこう。

地球って美しい！

火星

4番目の惑星は火星だ。

火星は、直径が地球の約2分の1、体積は地球の約7分の1で、太陽系の中で2番目に小さい。

火星は特有の赤さがあるので、火星を見つけるのは簡単だ。

木星

木星は、太陽系で中心に近い方から5番目にある、最も大きい惑星だ。木星は「ガス惑星」とよばれ、かたい地表はない。その表面に見える、目立つ赤いしみのような模様は、巨大な（地球の2〜3倍の大きさ）嵐で、300年以上、勢いもおとろえずに続いている。

土星

土星は木星の外側にある。

土星には、なんと、氷や岩石のかけらでできた輪があるんだ！ 天文学者たちは、この輪がかつては土星の月の一部だったかもしれないと考えている。

土星は、太陽と地球の距離の約10倍太陽から離れていて、「ガス惑星」だが、木星ほど大きくはない。

天王星

そろそろ太陽系の外側、天王星を通り過ぎるところだ。

天王星も「ガス惑星」で、直径が地球の約4倍、体積は約60倍だ。

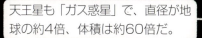

海王星

ついに太陽系で太陽から最も離れた惑星、海王星だ。これも「ガス惑星」だ。

火星と木星の間には、広大な小惑星帯（アステロイドベルト）がある。そして、海王星のさらに外側には冥王星がある。この星は、直径が地球の約5分の1、体積は地球の約1000分の1と小さいため、準惑星とされている。冥王星を過ぎると、別の小惑星帯、カイパーベルトがある。それを越えると、ついに太陽系の端だ。ここから先は星間空間が始まる。

電磁波

光の正体は何か？ これは長年にわたって物理学者たちを悩ませてきた、むずかしい問題だ。

ジェームズ・クラーク・マクスウェルは、19世紀のスコットランドの物理学者で、電気と磁気の効果について研究していた。彼は、自分の理論に取り組んでいるとき、その方程式の計算によって、空間を進んでいく電気と磁気の波（池に石を落としたときに水面に広がっていく、波紋のように振動が伝わっていくもの）が存在する、という理論的な予測を思いがけず見い出した。これが「電磁波」とよばれるものだ。

マクスウェルは、このような波が光と同じ速さで進むと予測されることにすぐに気がついた。このことから、彼は「光は電磁波の一種である」という結論にたどり着いたんだ。

周波数

電磁波は、それぞれの周波数によって異なる性質をもっている。周波数とは、1秒間に現れる波の数を表したものだ。波がより多く現れる場合、周波数は高く、波長は短い。それに対し、波がより少なく現れるような場合、周波数は低く、波長は長い。

周波数 (Hz)

波長 (m)

短波：50m

マイクロ波：0.1m

サッカー場

チョウ

電磁スペクトル

私たちが肉眼で見ている光は、実際に存在する電磁波の周波数のうちのわずかな範囲でしかない。すべての電磁波の周波数の範囲は、電磁スペクトルとよばれている。私たちはこのスペクトルの一部を日常生活に利用しているんだ。

たとえば、赤い色の光よりも周波数が低い電磁波は、電子レンジに使われたり、ラジオやテレビの信号の送信に使われたりしている。

また、青い色の光よりも周波数が高い電磁波は、体の中の骨を撮影する、X線装置に使われている。

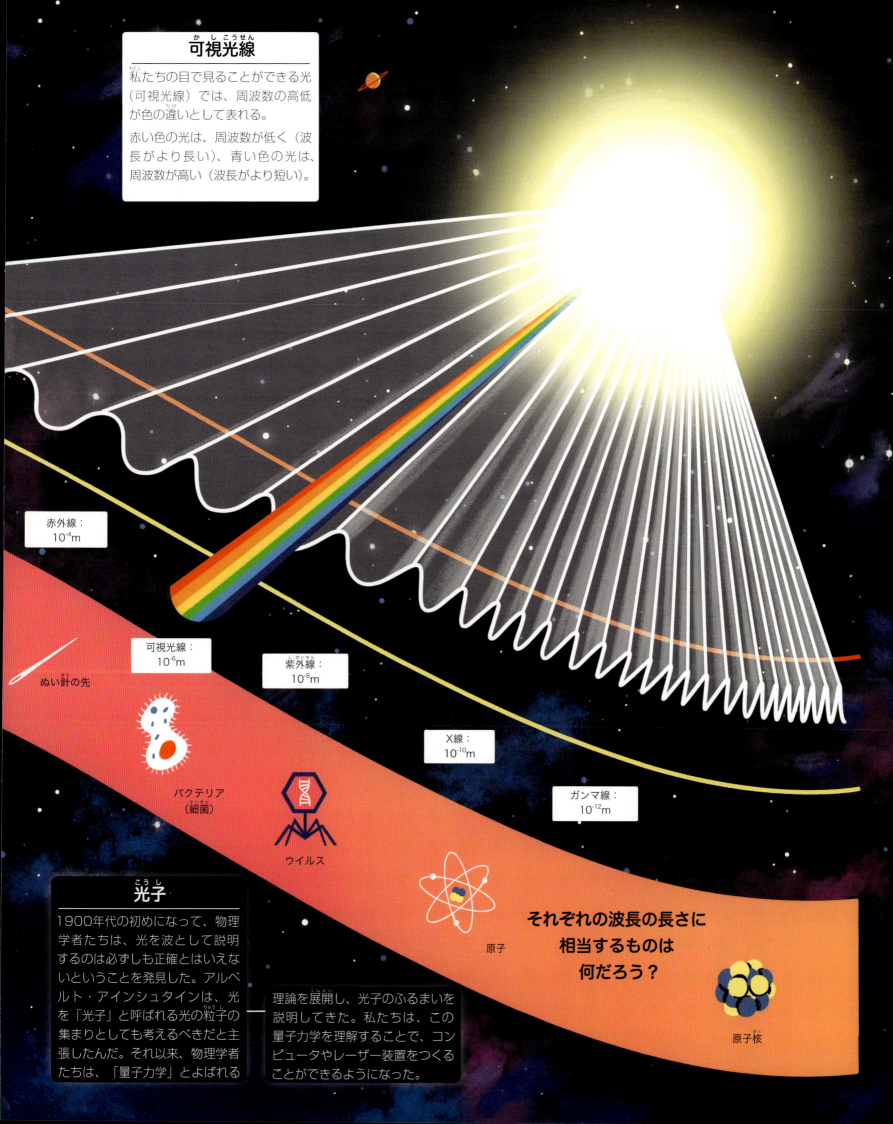

地球とその磁場

地球は、太陽系全体の中で最も密度の高い惑星だ。つまり、みな同じ体積とみなした場合、最も重い惑星ということになる。

火星など、岩石でできた他の惑星と同じように、地球の内部はタマネギのようにいくつかの層になっている。地球の外核のおもな中身は、溶けて液体のようになった鉄で、熱による対流と地球の自転の影響で、この溶けた金属が流れるように動いている。これによって電流が生まれ、地球は一種の巨大な磁石になっているんだ。

だから地球には、宇宙にまでおよぶ、巨大な磁場がある。それは、地球の北極点近くにS極（北磁極）、南極点近くにN極（南磁極）がある磁場で、地磁気ともよばれている。地球の磁場は、目に見えないバリアのような働きもしていて、私たちの大気にダメージを与えかねない、有害な粒子から地球を守っているんだ。

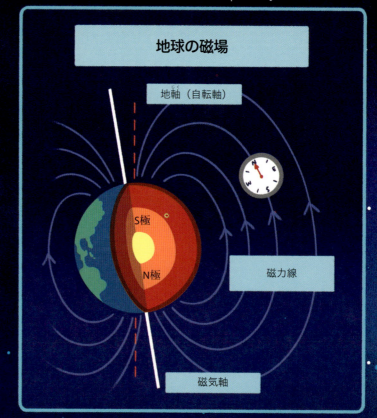

地球の磁場

地軸（自転軸）

磁力線

磁気軸

オーロラ
地球の磁極近くの空では、ときどき、目を見はるほどスケールの大きい光のショーが見られる。これはオーロラといい、太陽からふいてくる「太陽風」によって発生している。太陽風にふくまれる粒子が、地球の磁極で大気に飛びこむとき、大気中の酸素やちっ素の原子や分子とぶつかって、緑や青や赤い色の光を出させているんだ。

地球の周期

地球は、太陽の周りを回る「公転」をしているだけじゃなく、地球自体が回転する「自転」もしている。

科学的に「1日」という場合、地球自体がコマのように1回回転するのにかかる時間のことだ。これには24時間かかり、その間に私たちには昼と夜がおとずれる。

宇宙から地球をながめてみよう。私たちの前に見える地球の一部分は、よく晴れた正午の明るい光につつまれている。時間とともに地球が自転して、その一帯を太陽から遠ざけていくと、昼間が終わり、やがて太陽がしずんだ状態が続いていく。私たちの後ろには、夜の暗さにつつまれている一帯が見える。これは太陽の光がそこには届いていないからだ。でも、地球が自転し続けると、この部分は太陽の方向に向かっていく。そのうちに太陽がのぼって朝となり、正午をむかえ、やがて夜になる。そしてまた、同じことがくり返されるんだ！

地球の季節

地球は太陽の周りを公転しながら、地軸（コマの軸にあたる、自転の回転軸）を中心に自転している。この地軸は公転面に対して垂直ではなく、かたむいている。このため、赤道の北側半分（北半球）と南側半分（南半球）では、受け取る日光の量が違うんだ。これが4つの季節を生んでいる。北半球が太陽に向かう方向にかたむいているときは、太陽の光をより多く受け取り、北半球は夏になる。昼間が長くなり、とても暑い！　そのとき、南半球は太陽から離れる方向にかたむいていて、受け取る太陽の光はより少なくなる。南半球は冬になり、昼間が短くなって夜が長くなり、気温は低くなる。

北半球の夏：地軸の北側が太陽に向かう方向にかたむいている

北半球の春
南半球の秋

北半球の冬：地軸の北側が太陽から離れる方向にかたむいている

太陽

南半球の冬：地軸の南側が太陽から離れる方向にかたむいている

北半球の秋
南半球の春

南半球の夏：地軸の南側が太陽に向かう方向にかたむいている

地球上の1年

カレンダーでは1年はふつう365日だ。でも実際は、地球が太陽を1周するのに、およそ365日と4分の1日かかる。この差を調整するため、4年に1度、うるう年がもうけられている。その年は4分の1日の4年分となる1日を、2月に追加している。

地球の大気圏

地球の大気とは、地球を取り囲む気体のことで、地表近くの大気は「空気」とよばれている。大気圏（大気が存在する範囲）は、いくつかの層に分かれている。

この気体の層は、地球の大きさから見れば、厚さはうすいけれど、宇宙から地球にぶつかってくる小さな天体やちり、そして、太陽のような恒星が放つ有害な電磁波などから地球を守ってくれている。地球上で私たちが生きていけるのも大気のおかげだ。もし大気がなかったら、私たちは呼吸したくても空気がなく、宇宙からの電磁波で焼けこげてしまうだろう！

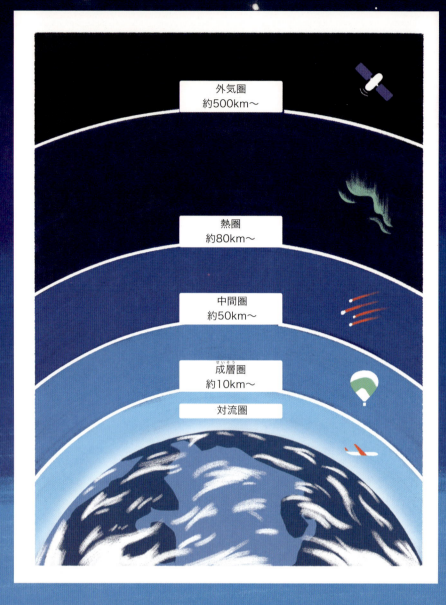

外気圏 約500km〜
熱圏 約80km〜
中間圏 約50km〜
成層圏 約10km〜
対流圏

対流圏

この層は、地表にいる私たちを直接取り囲んでいて、その大部分が、太陽の光によってではなく、そのエネルギーを吸収した地表によって温められている。高度が上がるにつれて、大気の温度は下がり、また、大気圧も下がる。大気圧とは、私たちの上にあるすべての大気の重さによる力だ。さらにもっと高く上がるほど、上にある大気はどんどん少なくなり、大気圧はますます下がるんだ！　このようなとき、私たちは「空気がうすくなる」といっている。

成層圏

成層圏には、オゾン層がある。オゾンは酸素原子3個で構成される気体で、ものすごいエネルギーをもつ、特に有害な紫外線と反応して熱を出す。だから成層圏では高度が上がるほど温度が上がる。オゾン層は地球上の生き物にとって、とても大事だ。病気を引き起こしたり、生き物の遺伝子を破壊して生きられなくしたりするおそれさえある、有害な紫外線をさえぎるバリアとして働いているんだ。

外気圏

大気圏の一番外側の層が外気圏だ。この高度では地球の重力の影響が弱く、どうにかとどまっている大気も、真空の宇宙空間に簡単ににげていく。ここは、地球の大気圏から宇宙へ移り変わる領域なんだ。

熱圏

ここでは、大気の密度が地表近くの100万分の1以下と、とてもうすい。あまりにも密度が低いため、気体の粒子は他の気体の粒子とぶつかることなく数km飛び回ることができる。基本的には、大気圏の外側を宇宙とよぶ。でも、地表から高度100kmより外側は「大気がない」といえるほどうすいので、ここからが「宇宙」とする考えもある。熱圏では高度が上がるほど温度が上がる。

中間圏

この高度の大気はとてもうすく、オゾンがほとんどないため、とても温度が低い。−90℃まで低くなることもあるんだ！ オゾン層をこえているので、人間がこの層に来たら、ものすごく寒いにもかかわらず、ひどい日焼けをするだろう。

月

月の直径は地球のおよそ4分の1で、重さは地球の約100分の1だ！

このため、月は地球の重力に引き寄せられて、地球の周りを人工衛星のように公転している。また、重さが軽く、重力が小さすぎるために、月は周りに大気をとどめておくことができず、数多くのいん石がぶつかってくるのを防ぐことができない。月面にたくさんのクレーターがあるのはこのためだ。月の起源については多くの説がある。1つの可能性として、45億年前、初期のころの地球に火星くらいの大きさの天体が衝突したことで生まれたという説がある。このときの大きな力によって地球の周りにたくさんの岩くずができ、それらが最終的には重力で引き寄せられて月になったというんだ。

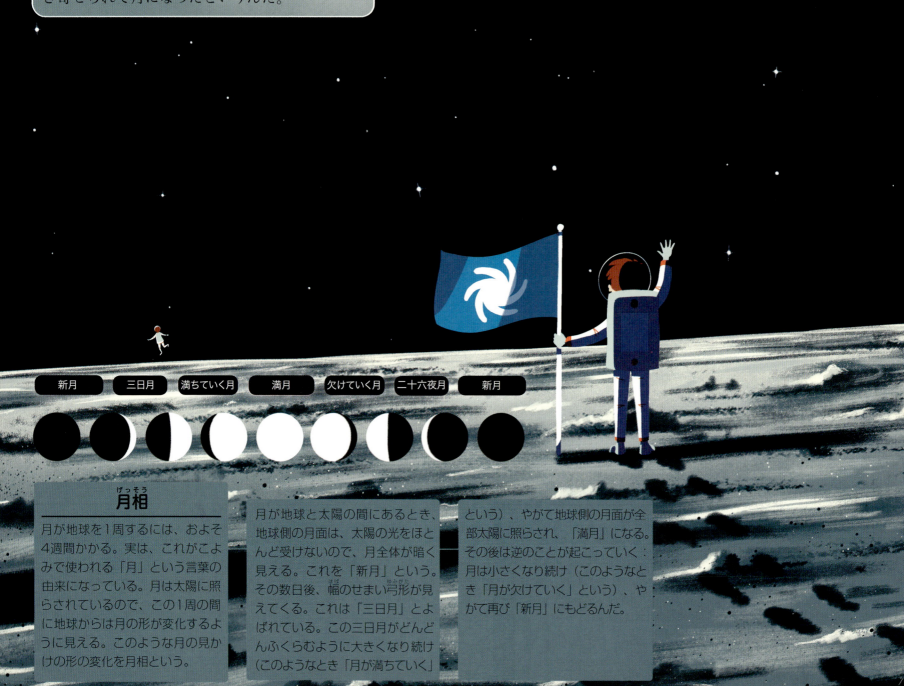

新月　三日月　満ちていく月　満月　欠けていく月　二十六夜月　新月

月相

月が地球を1周するには、およそ4週間かかる。実は、これがこよみで使われる「月」という言葉の由来になっている。月は太陽に照らされているので、この1周の間に地球からは月の形が変化するように見える。このような月の見かけの形の変化を月相という。

月が地球と太陽の間にあるとき、地球側の月面は、太陽の光をほとんど受けないので、月全体が暗く見える。これを「新月」という。その数日後、幅のせまい弓形が見えてくる。これは「三日月」とよばれている。この三日月がどんどんふくらむように大きくなり続け（このようなとき「月が満ちていく」という）、やがて地球側の月面が全部太陽に照らされ、「満月」になる。その後は逆のことが起こっていく：月は小さくなり続け（このようなとき「月が欠けていく」という）、やがて再び「新月」にもどるんだ。

月への旅

月は、いつの時代も地球の人々の心をひきつけてきた。とはいっても、1969年に、人間が地球を離れ、38万4,400kmの宇宙飛行をする技術が現実のものになるまで、月への旅は、ただのあこがれでしかなかった。ニール・アームストロング、マイケル・コリンズ、バズ・オルドリンは、この年、月に到達し無事に地球までもどった、アポロ11号の宇宙飛行士だ。ニール・アームストロングとバズ・オルドリンは、月に足をふみ入れた最初の人間になったんだ。

日食

月と地球と太陽の位置によっては、地球の一部が月のかげに入ることがある。太陽が欠けて見える、このような現象を「日食」という。地球上のある特定の地域では、太陽の光が月にすっかりさえぎられ、数分間、昼間なのに暗くなることがある。これを「皆既日食」という。その後、月が移動して位置が変わり、太陽は再び光かがやく。

月食

ときには、日食と反対のことが起こる。月が地球のかげにかくれ、月の一部が欠けて見えたり、全体が赤黒い色に見えたりすることがあるんだ。これは「月食」とよばれている。

小惑星・すい星・流星物質

小惑星やすい星や流星物資とよばれているのは、私たちの太陽系の中で見られる小さな天体だ。

それらは「惑星」とよぶには小さすぎるけれども、惑星と同じような動き方をしていて、円を描くように太陽の周りを回っている。このような天体には、その大きさや性質の違いによって、それぞれ名前がつけられている。惑星・準惑星とそれらの衛星をのぞく、これらの小規模な天体は、まとめて「太陽系小天体」とよばれている。

流星物質

流星物質は、大きさが数mm～数mほどのちりや岩石で、小惑星のごく小さなものといえる。流星物質の中には、太陽の周りを回っている途中で、地球の大気圏にたまたまぶつかるものがある。

流星

……こうした流星物質が流星になるんだ！ 流星物質が地球の大気圏に突入すると、温度がとても高くなって、尾を引くように光がかがやくガスのすじをつくり出す。この流星の尾の色から、流星物質がどんな物質でできているのかがわかるんだ。

いん石

流星物質の一部は、地球の大気圏に突入しても消えてなくならずに、そのまま落下して地面に当たることがある。宇宙から来た、このような岩石は「いん石」とよばれている。これまで見つかった中で最大のものは、アフリカのナミビアで発見されたホバいん石で、長さはたても横も約3m、重さは60t以上だ！

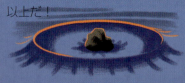

小惑星

小惑星にはさまざまな形と大きさがある。惑星のような球形ではなく、どちらかというと大きなジャガイモのように見える。中には端から端まで数百kmのものもあるんだ！　太陽系には70万個近くの小惑星があることがわかっている。でも、おそらくもっとたくさんあるだろう。

すい星

すい星は大部分が氷でできていて、流星と同じように光の尾を引く。でも、すい星は地球の大気圏に入ってくるときに尾を出すわけじゃない。すい星が太陽を回る軌道上で、太陽の近くを通ると、太陽の熱ですい星が高い温度になり、すい星から蒸発したガスが放たれる。これを地球から観測すると、流星と同じような尾を引いているように見えるんだ。ただし、流星のかがやきはほとんどが1秒以下で終わるのに対し、すい星の尾のかがやきはもっと長く続く。すい星は何日間も観測できるんだ。

激しい衝突

すい星や小惑星のような、比較的大きな天体が地球にぶつかると、はかりしれない被害をもたらす可能性がある。科学者たちは、6500万年前に起こった、直径15kmという大きさの小惑星の衝突が恐竜の絶滅につながったと考えているんだ！　といっても、このようなものすごい衝突はめったにあることではない。

地球からの宇宙観測

人間はいつの時代も宇宙や星に心をひかれてきた。そして、地球から宇宙をもっとよく観測するために、何百年もの間、望遠鏡を開発してきた。

現在では、恒星から放たれる紫外線や赤外線などをとらえることで、人間の目に見える光の範囲を越えた観測ができる望遠鏡が開発されている。これによって、科学者たちは、私たちがふだん見ているのとは違う星の様子を研究できるようになってきた。そのような大規模望遠鏡を備えた天文台は、天体が見えやすい世界の各地に設置されていて、さまざまな観測をおこなっている。

初期の望遠鏡

最初の望遠鏡は、1600年代初めに開発されたもので、月や太陽系の他の惑星や太陽を拡大して見るために2枚のレンズを使用していた。このような初期の望遠鏡は、現代のものと比べてかなり単純なものではあったけれど、人々の宇宙への興味をかきたてた。

現代の望遠鏡

現代の望遠鏡ははるかに複雑だ——なかには、およそ10mの大きさの鏡をもつ、家くらいの大きさのものもあるんだ！ 超大型望遠鏡（VLT）は、これまでで最大級の望遠鏡であり、4つの望遠鏡で構成されている。星がはっきりと見えるように、VLTは、チリのアタカマ砂漠にある、高さ約3000mの山の上に設置されている。人間の目で認識できる光より、40億倍も暗い光を検出することができ、月に立っている人の写真を撮ることだってできるんだ！

宇宙飛行

ロケット科学は、最終的には人間が地球を離れることができるようにする、重要な技術だ。

宇宙は、何百年もの間、人類のあこがれであり続けてきた。でも、この新しい技術開発のおかげで、ようやく宇宙探査や宇宙飛行ができるようになったのは、20世紀半ばになってからだった。

地球の重力に打ち勝つのに十分な速度で、宇宙船や宇宙探査機を加速することができるのは、ロケットだけだ。ロケットの地球からの脱出速度（第二宇宙速度）はものすごく速い。なんと秒速11.9kmだ！　このスピードなら、イギリスとフランスをへだてるドーバー海峡をわたるのに、3秒もかからない！

スプートニク1号

1957年10月、ソビエト連邦（現在のロシア）は、ロケットを使って、地球を回る世界初の人工衛星スプートニク1号を送り出した。スプートニク1号の軌道を計算するため、科学者たちは当時のソ連で最大のスーパーコンピュータを使う必要があった。機体にのせた電池を使って、スプートニク1号はカプセル内外の温度を測定し、この情報を地球に送り返した。約3週間後、電池を使い果たし、この人工衛星は役目を終えた。それでも、スプートニク1号は、流星のように地球の大気に再突入して消えてなくなるまで地球を回り続けた。宇宙空間に合計92日間滞在していたことになる。これは科学の偉大な成果であり、宇宙飛行の幕開けだった！

宇宙に初めて行った動物

宇宙に行った最初の地球の住民は、ライカという名の小さなイヌだ。1957年11月、スプートニク2号に乗せられ、地球の周りを回った最初の動物になった。

宇宙開発競争

スプートニク1号の成功は世界を驚かせ、アメリカとソ連の激しい宇宙開発競争の引き金となった。

月に最初におり立った人間

やがて、アメリカはソ連に追いつき、1969年に世界で初めて3人の宇宙飛行士を月に送り出した。これは、スプートニク1号の成功からちょうど12年後だった。

最初の宇宙飛行士

ソ連の宇宙飛行士、ユーリイ・ガガーリンは、世界で初めて宇宙に行った人間だ。彼は1961年に宇宙で約2時間を過ごし、無事に地球にもどってきたんだ。

現在の宇宙飛行

宇宙開発時代から比べると、今では宇宙飛行がめずらしいことではなくなっている。ロケットは、宇宙にしょっちゅう打ち上げられ、科学調査から通信まで、さまざまな目的のために衛星を運んでいる。2000年以降は、宇宙飛行士が交代で滞在している国際宇宙ステーション（ISS）に、物資を送り届ける役目も果たしているんだ。

無人宇宙探査

月は、現在のところ、人間が足をふみ入れたことのある、地球から最も離れた天体だ。

火星など他の惑星や小惑星の探査活動、あるいは太陽系の端の探査など、月以外のミッションは、すべて無人宇宙探査機によっておこなわれてきた。このような場所に、状況がよくわからないまま人間を行かせるのはあまりにも危険だからだ。それに加え、1基の宇宙探査機を送り出すよりも1人の人間を送り出す方が、技術的にとてつもなく大きな努力が必要になるからだ。

宇宙探査機はコンピュータやロボットなので、酸素や食べ物を必要としないし、ミッションを終えたときに地球に帰る必要がないんだ。これまでに月・金星・火星・木星・土星や小惑星に無人探査機が送られ、地上からの観測では得られないデータやサンプルや写真が手に入っている。

火星探査計画

初期の宇宙探査機は、センサーを追加した複雑なカメラだった。でも、技術が進歩するにつれて、より高度な宇宙探査機をつくることができるようになったんだ。1996年、NASAは「マーズ・パスファインダー」という名前の火星探査計画で、最初のロボットを火星に送った。この宇宙探査機には、天候と温度を測定する機器とカメラを備えた着陸機がのせられていた。また、この着陸機には、「ソジャーナ」と名づけられた、10kgの小さなロボット探査車がのせられていた。これは、火星から土と岩石のサンプル15個を採取して、分析することができたんだ。その後アメリカは、同じような、でももっと大きな火星探査機を2機打ち上げた。2004年に火星に着陸した「スピリット」と「オポチュニティ」だ。

月探査計画

月に人間が足をふみ入れる前には、ソ連のルナ計画とアメリカのレインジャー計画の一連の無人探査機によって、月の探査とごく近くからの写真撮影がおこなわれた。

ロゼッタ探査計画

宇宙探査には、すい星のような小さな天体を探索するミッションもある。ロゼッタ探査計画は、「ロゼッタ」という無人宇宙探査機と、それにのせた「フィラエ」という小型着陸機によるもので、2004年にロケットで打ち上げられた。ロゼッタは、火星と2つの小惑星を通過し、2014年にフィラエを分離した。フィラエは近くのすい星に向かい、着陸に成功して、そのすい星が何でできているかを分析するための情報を地球に送った。

ボイジャー1号

これまでのところ、ほとんどの宇宙探査は、私たちのいる太陽系に関するものだったが、もっとはるか遠くまで出かけた宇宙探査機もある。

地球から最も遠くまで出かけた宇宙探査機は、1977年に地球を出発した、ボイジャー1号だ。ボイジャー1号は、その旅の途中で、木星と土星の近くを通過し、これらの惑星とその月（衛星）の写真を撮ったんだ。

そして、太陽系の端まで到達し、今ではその先の宇宙空間を探索している。ボイジャー1号は歴史上、だれよりも（何よりも）遠くまで旅している。

他の惑星の生き物

宇宙にいるのは私たち人間だけなのだろうか？ 地球以外の惑星に、私たちとコミュニケーションできる文明はあるのだろうか？

これまで、私たちはどんな異星人からも連絡を受けたことはない。いや、少なくとも、私たちは異星人からのメッセージをまだ発見していないんだ！ しかし、宇宙全体はもちろんのこと、私たちの地球をふくむ銀河系（天の川銀河）にも、太陽系に似た、数え切れないほどたくさんの惑星系がある。生き物が生きていける惑星が地球のほかにもある、ということは決してありえない話じゃない。

住むことのできる惑星

生き物が存在するためには、完璧にバランスのとれた環境でなければならない。地球の軌道は、私たちの太陽系の中の「ハビタブルゾーン」（宇宙の中で、生き物が生きられる条件を満たした領域）にある。それは、太陽からの熱によって、地球の水が全部は蒸発せず、かつ、水が液体の状態で存在できる、ちょうどよい距離に太陽がある領域だ。いうまでもないことだけれども、水は命の基礎となるものだ──水が存在しなければ、科学者は「生き物が生きられる」とは考えない。最近になって、天文学者たちは、「ハビタブルゾーン」といわれている範囲に、地球と同じくらいの大きさの惑星をもつ、太陽系に似た、数千もの惑星系を発見した。

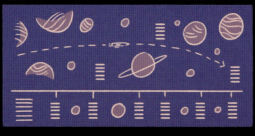
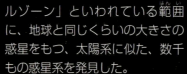

地球外生命の探索

科学者たちは、宇宙から届く電波を分析し、他の惑星からのメッセージを見つけ出すことによって、地球以外の天体や宇宙空間に生きる生き物、いわゆる「地球外生命（ET）」を探しているんだ。

地球外生命へのメッセージ

地球から送り出した宇宙探査機の中には、他の生命体に伝えるメッセージを運んでいるものがある。いつか、そんな生命体がその探査機を見つけるかもしれないからだ。とはいえ、私たちはどうやって異星人とコミュニケーションするのだろうか？ ボイジャー1号と2号は、ゴールデンレコードをのせている。金色のカバーには、レコードの再生方法と解読方法、太陽系の見つけ方が書かれている。このレコードには、太陽系、地球、科学、スポーツ、教育、人間についての情報などに関する、100枚以上の写真と音声がふくまれているんだ。

ゴールデンレコード

Destination:Space copyright © Aurum Press Ltd 2016
Illustrations copyright © Tom Clohosy Cole 2016
Written by Dr Christoph Englert

Japanese translation rights arranged with QUARTO PUBLISHING PLC
through Japan UNI Agency,Inc.,Tokyo

ワクワク
探検シリーズ
① 知られざる宇宙

2018年12月17日　初版1刷発行

文　クリストフ・アングレール
絵　トム・クロージー・コール
訳　上原昌子
（翻訳協力　株式会社トランネット）

DTP　高橋宣壽

発行者　荒井秀夫
発行所　株式会社ゆまに書房
　　　　東京都千代田区内神田 2-7-6
　　　　郵便番号　101-0047
　　　　電話　03-5296-0491（代表）

ISBN978-4-8433-5405-6 C0344

落丁・乱丁本はお取替えします。

定価はカバーに表示してあります。

Printed and bound in China